Bibliografische Information der Deutschen Nationalbibliothek:

Die Deutsche Bibliothek verzeichnet diese Publikation in der Deutschen National-bibliografie; detaillierte bibliografische Daten sind im Internet über http://dnb.d-nb.de/ abrufbar.

Dieses Werk sowie alle darin enthaltenen einzelnen Beiträge und Abbildungen sind urheberrechtlich geschützt. Jede Verwertung, die nicht ausdrücklich vom Urheberrechtsschutz zugelassen ist, bedarf der vorherigen Zustimmung des Verlages. Das gilt insbesondere für Vervielfältigungen, Bearbeitungen, Übersetzungen, Mikroverfilmungen, Auswertungen durch Datenbanken und für die Einspeicherung und Verarbeitung in elektronische Systeme. Alle Rechte, auch die des auszugsweisen Nachdrucks, der fotomechanischen Wiedergabe (einschließlich Mikrokopie) sowie der Auswertung durch Datenbanken oder ähnliche Einrichtungen, vorbehalten.

Impressum:

Copyright © 2016 GRIN Verlag, Open Publishing GmbH
Druck und Bindung: Books on Demand GmbH, Norderstedt Germany
ISBN: 9783668338944

Dieses Buch bei GRIN:

http://www.grin.com/de/e-book/343250/omega-3-fettsaeuren-alpha-linolensaeure-leinoel-und-fettsaeuren-in-der

Sven-David Müller, Martin Jackeschky

Omega 3 Fettsäuren, Alpha Linolensäure, Leinöl und Fettsäuren in der Ernährung

GRIN Verlag

GRIN - Your knowledge has value

Der GRIN Verlag publiziert seit 1998 wissenschaftliche Arbeiten von Studenten, Hochschullehrern und anderen Akademikern als eBook und gedrucktes Buch. Die Verlagswebsite www.grin.com ist die ideale Plattform zur Veröffentlichung von Hausarbeiten, Abschlussarbeiten, wissenschaftlichen Aufsätzen, Dissertationen und Fachbüchern.

Besuchen Sie uns im Internet:

http://www.grin.com/

http://www.facebook.com/grincom

http://www.twitter.com/grin_com

Der prophylaktische und der therapeutische Stellenwert von Omega-3-Fettsäuen in verschiedenen Bereichen der Ernährungsmedizin

Die Wirksamkeit von α-Linolensäure in der Prophylaxe und Therapie von chronischen Erkrankungen

von Martin Jackeschky und Sven-David Müller

Nahrungslipide stehen seit Jahrzehnten im Fokus der ernährungsmedizinischen Forschung und Diskussion. Dabei kam es in den letzten Dekaden zu einem Paradigmenwechsel, denn eine Low Fat Diet ist nicht mehr das Maß aller Dinge: in der Prophylaxe und Therapie von ernährungs(mit)bedingten Erkrankungen sowie Übergewicht (BMI 25,0 bis 29,9) und Adipositas (BMI > 30,0) spielen Nahrungsfette eine immer wichtigere Rolle. Im Mittelpunkt der Aufmerksamkeit stehen neben den Auswirkungen von gesättigten- und ungesättigten Fettsäuren besonders die mehrfach ungesättigten Omega-3-Fettsäuren. Sie gehören mittlerweile einerseits zu den dynamischsten Segmenten im Bereich der Ernährungsforschung und andererseits greifen viele Produzenten Studien auf und bringen Health-Food, ergänzend bilanzierte Diäten sowie diätetische Lebensmittel und auch Nahrungsergänzungsmittel auf den Markt. Der aktuelle Markt wurde von im Jahr 2011 auf eine Größe von acht Milliarden Dollar geschätzt. In den letzten Jahren betrug das Wachstum 17 Prozent und ein Ende ist nicht in Sicht[1].

Nach wie vor stammt das Gros der verarbeiteten Omega-3-Fettsäuren aus marinen Quellen wie Fettfischen und bestimmten Meeresalgen. Bestimmte Fisch-Öle (insbesondere von (Wild-)Lachs, Tunfisch und Makrele) haben einen Marktanteil von 78 Prozent, weitere 3 Prozent stammen aus Meeresalgen. Omega-3-Fettsäuren aus marinen Quellen sind fast ausschließlich längerkettige Fettsäuren, speziell Eicosapentaensäure (EPA) und Docosahexaensäure (DHA). In pflanzlichen Omega-Fettsäure-Ressourcen – wie Leinöl – hingegen findet sich überwiegend der kürzerkettige Vertreter der Omega-3-Fettsäuren, die α-Linolensäure, einer oft noch unterschätzten Fettsäure.

Mit diesem Review sollen die Aufgaben und Funktionen der α-Linolensäure aufgezeigt werden. Durch Erläutern des Metabolismus der α-Linolensäure soll dargestellt werden, dass der Bedarf an langkettigen n-3-Fettsäuren vollständig gedeckt werden kann und darüber hinaus α-Linolensäure zu einem ausgewogenen Verhältnis zwischen langkettigen Omega-3- und Omega-6-Fettsäuren beiträgt, einem Verhältnis, dem besondere Bedeutung für die menschliche Gesundheit beizumessen ist. Es soll aber auch verdeutlicht werden, dass α-Linolensäure mehr ist, als nur ein Substrat zur Bildung längerkettiger Omega-3-Fettsäuren. Sie ist Bestandteil wichtiger Zellmembranlipide sowie Substrat zur Bildung einiger wichtiger Eikosanoide. Dies sind Funktionen, die nicht von längerkettigen Omega-3-Fettsäuren übernommen werden können. Somit ist der alleinige Fokus auf die Supplementation mit

EPA/DHA-haltigen Fischölen unberechtigt und aus ernährungsmedizinischer Sicht nicht nachvollziehbar. Zuletzt werden Quellen für α-Linolensäure diskutiert.

α-LINOLENSÄURE

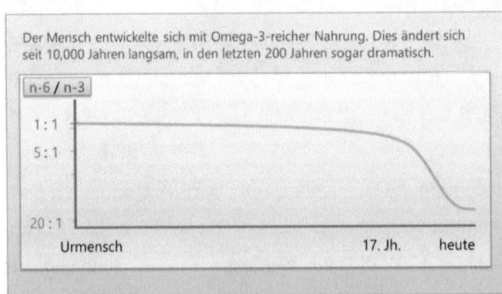

α-Linolensäure ist (9Z,12Z,15Z)-
Octadeca-9,12,15-triensäure

Der Name Linolensäure leitet sich vom griechischen Wort "linos" für Lein ab. α-Linolensäure (kurz ALA), ist eine ungesättigte, unverzweigte Fettsäure mit drei Doppelbindungen und 18 Kohlenstoffatomen.

ALA ist (genau wie die Linolsäure – kurz LA) eine *„essentielle"* (lebensnotwendige) Fettsäure.

VORKOMMEN DER α-LINOLENSÄURE

α-Linolensäure ALA ist (genau wie die Linolsäure LA) eine *„essentielle"* Fettsäure. Essentiell, da sie vom menschlichen Organismus nicht selbst gebildet werden kann. ALA-Quellen sind einige Ölsaaten wie Lein sowie spezielle Wildkräuter und auch Wildbeerenfrüchte. ALA tritt praktisch immer gemeinschaftlich mit der n-6 Fettsäure LA in Lebensmitteln auf. Da ALA und LA im Organismus kompetitiv agieren, kommt dem Verhältnis von ALA:LA eine besondere Rolle zu. In praktischen allen Ölsaaten überwiegt die LA deutlich, auch im als Omega-3-Öl beworbenen Raps-Öl. Ausnahmen bilden hingegen insbesondere das Lein-Öl und das Perilla-Öl.

Für Weidetiere bilden Wildkräuter die eigentliche Quelle für die essentiellen Fettsäuren ALA und LA. Untersuchungen haben ergeben, dass die von wildlebenden Weidetieren präferierten Wildkräuter einen relevanten Gehalt an ALA aufweisen und LA in deutlich geringeren Mengen enthalten ist[2, 3]. Dies ist für die domestizierte Weide- oder Stall-Haltung nicht gegeben. Unsere Wiesengräser sind ausgesprochen arm an ALA. Somit ist ein Mangel an ALA in der Nahrung für domestizierte Tiere vorhanden. Entsprechend Omega-3-fettsäurenarm sind die Nahrungsmittelprodukte aus Tieren intensiver Haltung. Auch einige wilde Beerenfrüchte stellen eine gute ALA-Quelle dar. Der Mensch als Jäger und Sammler erzielte durch Kräuter und Beeren ein Verhältnis ALA:LA von nahezu 1:1. Im Rahmen der heutigen Ernährungsweise liegt es bei 1:10 bis 1:20 und das ist aus ernährungsphysiologischer Sicht ungünstig und kann Krankheiten begünstigen oder sogar auslösen!

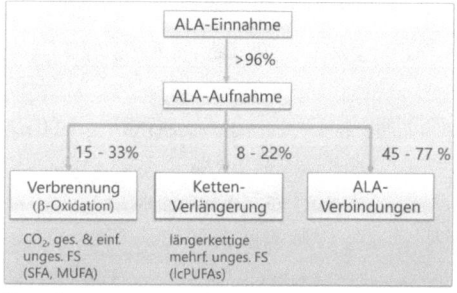

Die Aufnahme von α-Linolensäure aus der Nahrung erfolgt nahezu vollständig[4]. Wie alle Fettsäuren (auch EPA/DHA, insbesondere wenn mit der Nahrung zugeführt) wird auch ALA durch β-Oxidation verstoffwechselt. Der Anteil liegt meist zwischen 15 und 33 Prozent, abhängig von der Gesamtaufnahme, Alter und Geschlecht. Dies dient dem Abbau überschüssiger ALA und der Energiegewinnung, In einer „de novo" Synthese werden gesättigte und einfach ungesättigte Fettsäuren gewonnen. Ein Anteil von 8 bis 22 Prozent wird zur Synthese von längerkettigen Fettsäuren verwendet, der Rest, also durchschnittlich mehr als die Hälfte, in „stabile" Lipide umgesetzt. Ferner wird natürlich ein gewisser Anteil der Lipide in den Adipocyten gespeichert.

UMBAU ZU LÄNGERKETTIGEN OMEGA-3-FETTSÄUREN

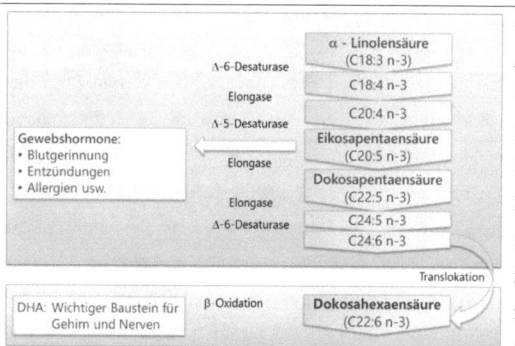

Alpha-Linolensäure wird oftmals als „Basis-Omega-3-Fettsäure" bezeichnet, da die meisten Organismen (bis auf einige Karnivore) hieraus alle weiteren Omega-3-Fettsäuren synthetisieren können. Der Mechanismus ist mehrstufig und besteht aus dem wiederholten Einfügen von Doppelbindungen (Desaturierung) und Kettenverlängerungen (Elongation). Das vorläufige Endprodukt ist die Eikosapentaensäure (EPA). Alle diese Reaktionen verlaufen am Endoplasmatischen Retikulum. Der erste Schritt, das Einfügen der Doppelbindung in Δ6-Stellung (durch Δ6-Desaturase), ist limitierend für den gesamten Pfad.

Aus EPA wird eine weitere wichtige Omega-3-Fettsäure gebildet: Docosahexaensäure DHA. Dies wird unabhängig von dem vorgeschalteten metabolischen Pfad zur Bildung von EPA geregelt. Zunächst wird EPA in zwei Elongations- und einem Deasaturierungschritt in (C24:6n-3) umgewandelt. Dieses wird vom Endoplasmatischen Retikulum in Peroxisomen transportiert. Durch β-Oxidation wird nunmehr DHA gebildet[5,6].

ALA ALS LA-ANTAGONIST

Omega-3- und Omega-6-Fettsäuren bilden vergleichbare Reihen. Während ALA die *„Basis-Omega-3-Fettsäure"* ist, bildet LA die *„Basis-Omega-6-Fettsäure"*. Während am Ende der Omega-3-Reihe EPA (und in der Folge DHA) steht, wird in der Omega-6-Reihe aus LA Arachidonsäure (ARA) gebildet. Arachidonsäure befördert entzündliche Reaktionen. Der Metabolismus der LA und der ALA zu ARA oder EPA verläuft gleichartig. Das begrenzte Vorkommen der Δ6-Desaturase ist hierbei das Nadelöhr. Es begrenzt die Gesamtmenge an langkettigen lc-PUFAs nach oben hin. Eine geringfügige Bevorzugung der ALA durch die Δ6-Desaturase findet hierbei statt.[5]

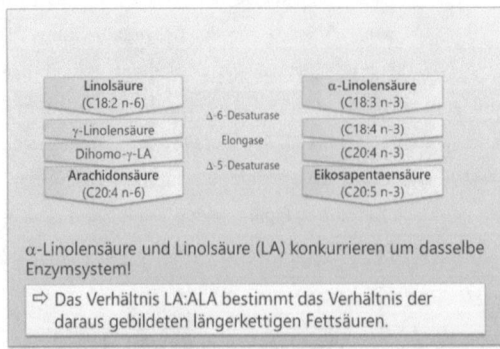

α-Linolensäure und Linolsäure (LA) konkurrieren um dasselbe Enzymsystem!

⇨ Das Verhältnis LA:ALA bestimmt das Verhältnis der daraus gebildeten längerkettigen Fettsäuren.

Die zwingende Folgerung aus dieser Tatsache ist, dass das Verhältnis in der Aufnahme von LA zu ALA das Verhältnis von ARA zu EPA bestimmt und damit auch das Verhältnis der daraus gebildeten Eikosanoide. LA und ALA agieren demzufolge kompetitiv um das (begrenzend geregelte) enzymatische System. Ein Überschuss, als auch ein Mangel, an einer der essentiellen Fettsäuren führt somit zwangsläufig zu einem Ungleichgewicht. Die absolute Menge in der Summe LA und ALA spielt hierbei aber eine eher untergeordnete Rolle, solange keine extrem fettarme Ernährungsweise zugrunde liegt, was praktisch nie der Fall ist, da die Fettaufnahme in Deutschland bei 35 bis 45 Energieprozent liegt. Bei einer Lipidzufuhr von weniger als 5 Energieprozent könnte es zu Problemen kommen. Die Limitierung des Omega-Metabolismus setzt hier ohnehin Grenzen. Die aktuelle Ernährungssituation so gut wie aller domestizierten Säugetier-Rassen und Spezies (inklusive Homo sapiens) weist in der Regel einen ALA-Mangel auf.

Während DHA direkt, insbesondere in neuronalen Membranen, funktionelle Eigenschaften besitzt, beruht die Rolle von EPA insbesondere darauf, als Substrat für wichtige Eikosanoide zu dienen: Thromboxane, Leukotriene und Prostaglandine der 3er-Reihe (Mediatoren mit 3 Doppelbindungen). Thromboxane sind Mediatoren für die Thrombozytenaggregation, Leukotriene und Prostaglandine spielen bei Entzündungen eine Schlüsselrolle.

„EFFIZIENZ" DER KONVERTIERUNG VON α-LINOLENSÄURE

In Abhängigkeit von der Ernährungsweise, dem Alter, Geschlecht und anderen Faktoren werden durchschnittlich 8 bis 22 Prozent der mit der Nahrung aufgenommenen ALA zu langkettigen Omega-3-Fettsäuren konvertiert. Unkritisch reflektiert mag dies wenig erscheinen, so eine häufig publizierte Meinung. Bei genauerer Betrachtung ergibt sich jedoch, dass dies eine adäquate und individuell an die Bedürfnisse angepasste Konvertierungsrate ist. Es wurde bereits dargestellt, dass es einen die

Konvertierungsrate zu EPA limitierenden Faktor gibt: die Δ6-Desaturase. Eine Vielzahl von Studien zeigt auf, dass ab einem bestimmten Blutplasmagehalt an EPA die Menge an Δ6-Desaturase abreguliert wird[7]. Es ist anzunehmen, dass hiermit die Wirkung der langkettigen mehrfach ungesättigten Fettsäuren lcPUFAs reguliert wird. Insbesondere spielt bei der Regulation der individuelle Bedarf eine Schlüsselrolle: Beispielsweise wird die Expression der Δ6-Desaturase in der Schwangerschaft und der Stillzeit signifikant gesteigert[8], um den erhöhten Bedarf des Fötus beziehungsweise des Säuglings zu erfüllen[9].

Dies zeigt, dass, ausreichende ALA-Zufuhr vorausgesetzt, der Organismus in der Lage ist, ausreichend EPA aus ALA zu bilden. Darüber hinaus trägt dieser Regulierungsmechanismus dazu bei, das Gleichgewicht der Antagonisten EPA und ARA zu stabilisieren. Unkritische EPA-Zufuhr kann dies durch übermäßiges Herabsetzen der ARA-Bildung zum gegenteiligen Ungleichgewicht verschieben.[10] Allerdings ist die notwendige Bedingung für eine ausreichende Konvertierung von ALA zu EPA, dass das Verhältnis der beiden essentiellen Fettsäuren nicht zu weit auf Seiten der Linolsäure liegt (siehe dazu auch „ALA als La-Antagonist"). Die Linolsäurezufuhr sollte demzufolge nicht überwiegend sein. Dies unterstreicht die Notwendigkeit einer „ausgewogenen Ernährungsweise". Hier ist also auf eine Reduzierung übermäßiger Linolsäureaufnahme und die Steigerung – über eine Ernährungsumstellung und/oder eine Substitution – der α-Linolensäureaufnahme von Bedeutung.

DHA wird nach Translokation von (C24:6n-3) in Peroxisomen, speziell der Leberzellen, durch β-Oxidation synthetisiert. Dieser Vorgang wird unabhängig – und bedarfsorientiert – von der Konvertierung zu EPA gesteuert[11]. Es gibt den häufig geäußerten Irrtum, DHA wird nicht aus ALA synthetisiert. Dies ist zweifelsfrei widerlegt. Aus praktischen Gründen werden die Lipide zumeist im Blutserum gemessen. DHA ist aber, wenn nicht supplementativ verabreicht wird, kaum im Serum zu finden. Diese Tatsache wurde und wird immer noch dahingehend falsch interpretiert, dass DHA nicht oder kaum aus ALA gebildet wird. „In vitro"-Studien oder Messungen in der Leber geeigneter tierischer Modelle (beispielsweise der Pavian[12], der sich wie der Mensch omnivor ernährt) oder der humanen Muttermilch[13] zeigen die Fähigkeit zur ausreichenden Biosynthese von DHA aus ALA auf. Sogar die Leber von Föten ist bereits in der Lage, DHA zu synthetisieren[14]. Es ist gesichert, dass die lcPUFA-Ansprüche selbst für das sich entwickelnde Leben durch diätetische ALA-Zufuhr bei der Mutter gedeckt werden können[15,16]. Einer Reihe von Säuglingsmilchnahrungen sind mit lcPUFA angereichert.

WIRKUNGEN DER EIKOSANOIDE

Es wurde bereits in diesem Artikel beschrieben, dass Thromboxane Mediatoren für die Thrombozytenaggregation sind, Leukotriene und Prostaglandine für Entzündungen (proinflammatorischer Effekt). Vereinfacht kann gesagt werden, dass die von ARA abgeleiteten Eikosanoide Thrombozytenaggregationsfördernd und entzündungsfördernd wirken, die Eikosanoide aus der EPA die Antagonisten stellen. Bei bestimmten entzündlichen Erkrankungen wie der rheumatoiden Arthritis gehört die arachidonsäurearme aber Omega-3-Fettsäurenreiche Ernährungsweise zu den Therapieoptionen beziehungsweise vielmehr zu den Bestandteilen adjuvanter Therapiekonzepte. Ein EPA-Mangel äußert sich daher oftmals in überhöhten oder schlecht abklingenden entzündlichen Reaktionen, was zu klinischen Krankheitsbildern führen kann. Dies gilt auch für allergische Krankheitsbilder - insbesondere bei Typ-1-Allergien. Die ALA-Bedarfsdeckung, Substitution oder Gabe in therapeutisch wirksamer Dosis ist bei vielen Erkrankungsbildern angezeigt und sollte zum Therapiekonzept gehören.

THERAPIE INFLAMMATORISCHER ERKRANKUNGEN

Die klassische Therapie entzündlicher Erkrankungen mit Steroid-Derivaten (Glucocorticoid-Präparate etc.) sowie nichtsteroidalen Antiphlogistika (Indometacin etc.) durch Cyclooxygenase-Hemmung unterdrückt die Biosynthese der Prostaglandine. Neuere Therapieansätze verfolgen eine Hemmung der Leukotrien-Biosynthese mit 5-Lipoxygenase-Hemmern und Leukotrien-Antagonisten oder Tumornekrosefaktor-Hemmern. Man verspricht sich hiermit Erfolge bei der kausalen Therapie chronischen Erkrankungen wie Asthma bronchiale, rheumatoide Arthritis, Psoriasis und chronischer Polyarthritis.

Diese Therapien weisen zumeist beträchtliche Nebenwirkungen auf. Eikosanoide sind eine prophylaktisch- und therapeutisch hochpotente Stoffklasse. Ihr Zusammenspiel ist komplex und Eingriffe führen zu kaum vorhersehbaren Effekten. Das Ziel einer gesunden Ernährungsweise, als auch einer Prophylaxe oder Therapie, sollte daher zunächst eine Wiederherstellung des Eikosanoidgleichgewichtes sein. Ein häufig propagierter Weg ist die Supplementation mit EPA/DHA-Mischungen aus marinen Ressourcen (Fisch- oder Algenöle). Bei der Gabe von EPA/DHA kann es leicht zu einem, nunmehr gegenteiligen, Ungleichgewicht kommen. Es wurde erläutert, dass ein Eingriff in den Metabolismus der Omega-3-Fettsäuen gleichbedeutend mit einem Eingriff in den Omega-6-Fettsäuren-Haushalt ist. Ist ein gewisser EPA-Level erreicht, wird die Produktion langkettiger FS durch Limitierung der Δ6-Desaturase gedrosselt[17]. Damit wird auch die Produktion von ARA eingestellt. Gefahren aus der übermäßigen Zufuhr von EPA/DHA sind in der Literatur beschrieben. Zudem zeigen die meisten Studien einen geringen Effekt durch Fisch- oder Algenöle[18]. Effektiver und nebenwirkungsfrei ist die Supplementation mit ALA[17,19]. Bei inflammatorischen Erkrankungen sollte die Gabe von ALA im Rahmen des Therapiekonzepts erwogen werden.

INFLAMMATION UND KARZINOME

Schätzungen zufolge entstehen mindestens 20 Prozent der Krebserkrankungen aufgrund chronischer Entzündungen. Durch die Entzündung wird eine Kaskade von Reaktionen in Gang gesetzt. So werden Peptide aus Nervenzellen, Zytokine oder Rezeptormoleküle aktiviert, welche die mikrobiellen Erreger erkennen und bewirken, dass das Immunsystem Mastzellen und Leukozyten an den Entzündungsherd dirigiert. Hierdurch kommt es dann zu einer verstärkten Aufnahme von Sauerstoff, die letztlich dazu führt, dass verstärkt Radikale aus den Leukozyten freigesetzt und Makrophagen

aktiviert werden: es entstehen radikale, welche die DNA schädigen können. Ferner werden Signal-
übertragungswege aktiviert welche das Wachstum und die Ausbreitung des Tumors beeinflussen.
Bei einer Entzündung ist die Region zunächst stark durchblutet und viele weiße Blutzellen wandern
in das Gewebe. Die weißen Blutkörperchen sorgen gemeinsam mit anderen Zellen dafür, dass NF-
kappaB aktiviert wird. Dieses Eiweiß wirkt als genetischer Schalter und schützt die Zellen vor einem
Angriff des Immunsystems. NF-kappaB verhindert jedoch auch die Vernichtung von Tumorvorstu-
fen. Die Hemmung von NF-kappaB kann zwar nicht die Fehlbildung von Zellen verhindern, aber
möglicherweise den Schritt von Krebsvorläufern zum bösartigen Tumor aufhalten[20]. NF-kappaB ist
an der Angiogenese beteiligt. NF-kappaB-Inhibition könnte eine zusätzliche Behandlungsoption bei
malignen Tumoren sein, wenn die NF-kappaB-Ausschüttung gesteigert ist[21]. ALA wirkt anti-
inflammatorisch und hemmt insbesondere die Expression von NF-kappaB[22]. Bei vielen Tumorentitä-
ten bietet es sich an, die Supplementation von ALA in das Therapiekonzept einzubeziehen.

KARDIOPROTEKTIVE EFFEKTE DER ALPHA-LINOLENSÄURE

Kardiovaskuläre Erkrankungen wie der Myocardinfarkt oder der Insult gehören nicht nur in
Deutschland und anderen westlichen Industrieländern zu den wichtigsten Todesursachen[23]. Der Ein-
flussfaktor der Ernährungs- und Lebensweise in der Pathogenese dieser Krankheiten und ihrer töd-
lichen Endpunkte ist wissenschaftlich hervorragend belegt[24]. Den Nahrungslipiden kommt eine
besondere Bedeutung in der Primär-, Sekundär- und Tertiär-Prophylaxe von kardiovaskulären Erkrankungen zu[25].

HERZ-KREISLAUF-ERKRANKUNGEN BEI MÄNNERN UND FRAUEN

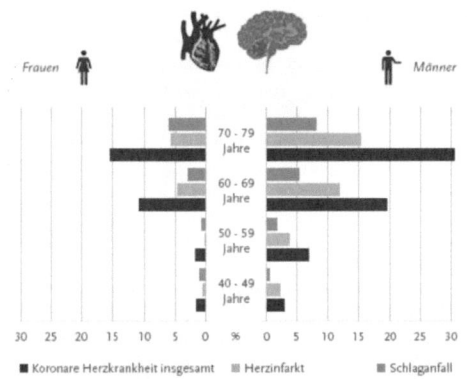

Eine Reihe kardiovaskulärer Risikofakto-
ren werden durch Omega-3-Fettsäuren
positiv beeinflusst. Dazu gehört auch der
anti-entzündliche Effekt[26]. Der Status bei
Hyperlipidämie wird verbessert (LDL-
Reduktion, Triglyzerid-Reduktion bei
gleichbleibendem oder steigendem HDL). Die Wirksamkeit von α-Linolensäure entspricht dabei der
von Statinen[27],für die LDL-Reduktion und im Bereich der Triglyzeridsenkung ist sie denen von Fib-
raten gleichwertig oder sogar überlegen[28]. Interesse gilt auch dem antiarrythmischen Effekt: Omega-
3-Fettsäuren können vor fatalem Kammerflimmern bewahren[29]. Demgegenüber scheinen (einige)

gesättigte Fettsäuren und natürliche (beispielsweise in Butter enthalten[30]) und industrielle Transfettsäuren (insbesondere in frittierten Lebensmitteln enthalten) das KHK-Risiko zu erhöhen[31][32].

Kardioprotektiv scheinen auch bestimmte Ballaststoffe (beispielsweise Plantago ovata Samenschalen), Lecithin und sekundäre Pflanzenstoffe (wie beispielsweise Pflanzensterine) zu wirken[33][34][35][36].

ALA reduziert die Bildung arteriosklerotischer Plaque im Experiment um 50 Prozent bei gleichzeitiger Reduktion des Gehalts an pro-inflammatorischen Markern[37]. Tatsächlich ist die überwiegende Ursache eines Herz- oder Hirninfarkts das Platzen einer arteriosklerotischen Plaque und dadurch Unterbrechung der Blutzufuhr des Herzmuskels oder des Gehirns. Arteriosklerose kann auch Mangeldurchblutung, Insult, chronische Niereninsuffizienz mit Nierenversagen, Angina Pectoris, Thrombosen und plötzlichen Tod beispielsweise durch Kammerflimmern oder durch Aorten-Riss verursachen. Im Rahmen der Prophylaxe und Therapie von kardiovaskulären Ereignissen erscheint es angezeigt, eine ausreichende oder erhöhte ALA-Zufuhr - gegebenenfalls über eine Substitution - zu erreichen.

α-LINOLENSÄURE-LIPIDE

Zumeist wird die Diskussion über Omega-3-Fettsäuren auf die Bedeutung der längerkettigen Omega-3-Fettsäuren beschränkt. Aussagen wie „ALA ist ineffizient" dominieren hierbei fälschlicherweise. Es wurde bereits erläutert, dass die Konversion der ALA adäquat ist und ein wesentlicher Faktor zur Stabilisierung eines vernünftigen Verhältnisses von langkettigen Omega-3- und Omega-6-Fettsäuren ist.

Über diese Diskussion, welche teilweise sogar emotional geführt wird, wird vielfach etwas sehr Wesentliches vergessen: über die Hälfte der durchschnittlich aufgenommenen ALA wird in „stabile" Lipide überführt, welchen eine ganze Reihe von Funktionen zukommt. Funktionen, die nicht von Fischölen übernommen werden können!

Im Gegensatz zu Fischölen ist eine Überdosierung mit ALA nicht möglich: der Körper vermag ALA selektiv zu verbrennen und kann so die „funktionelle" ALA-Verwertung in jeder Richtung präzise regulieren: zu DHA durch Regulation der β-Oxidation von (C24:6n-3), zu EPA durch Regulation der Δ6-Desaturase und zu unter anderem Phospholipiden, Cholesterylestern oder Triacylgycerolen durch β-Oxidation der ALA.

α-LINOLENSÄURE UND METABOLISCHES SYNDROM

Über positive Effekte bezüglich HDL-Cholesterin und Serumtriglyzeriden wird in der Literatur berichtet. Wie durch EPA, möglicherweise durch die Bildung von EPA, wird die Insulinsensitivität verbessert. Die Glukosetoleranzwerte werden nur durch ALA, nicht aber durch EPA/DHA verbessert[38]. Eine erhöhte ALA-Zufuhr erscheint nicht nur bei Diabetikern (Typ 1 und Typ 2), sondern grundsätzlich beim Vorliegen eines Metabolischen Syndroms, sinnvoll.

α-LINOLENSÄURE UND HYPERTONIE

ALA hat einen signifikanten anti-hypertonischen Effekt[39]. Der systolische Druck fällt bereits wenige Stunden nach der Gabe von ALA signifikant, zurückzuführen auf einen Anstieg vasodilatorischer Metaboliten wie Prostaglandin I(2), Stickoxiden und Bradykinin[40]. Eine Erhöhung der ALA-Zufuhr bei hypertonen Patienten ist sowohl aus prophylaktischer und therapeutischer Sicht anstrebenswert.

α-LINOLENSÄURE UND DAS IMMUNSYSTEM

Omega-3-Fettsäuren sind Immunmodulatoren. Hoch dosierte EPA-Aufnahmen beeinträchtigen die Immunfunktion[41] (wieder ein Hinweis darauf, wie problematisch die EPA-Supplementation ist). In Studien führte die Einnahme von Omega-3-Fettsäurereichen Fischölen zu einer Verminderung der T-Lymphozyten Proliferation um bis zu 65 Prozent[42]. ALA wirkt sich hingegen positiv auf das Immunsystem aus[43]. Vor diesem Hintergrund kann zur Steigerung des Immunsystems eine erhöhte Zufuhr von alpha-Linolensäure erfolgen.

α-LINOLENSÄURE UND DAS ZENTRALE NERVENSYSTEM

Zunächst wurde die Rolle von DHA für die Entwicklung des Gehirns aufgezeigt. Später wurde herausgefunden, wie ALA-Mangel die Entwicklung des Gehirns verändert, die Zusammensetzung der Zellmembranen des Gehirns, der Neuronen, Oligodendrozyten und Astrozyten stört, genauso wie subzellularer Strukturen des Myellins, der Mitochondrien und der Nervenenden[4445]. Ebenfalls mit ALA-Mangel verbunden sind neuropsychiatrische Störungen wie Depression[46], Selbstmordanfälligkeit[47] und Demenz, auch der Alzheimer Krankheit und Autismus[48].

Damit wird ALA besonders für Schwangere und Stillende zu einem wichtigen Faktor. Neben den Entwicklungsstörungen gibt es Hinweise, dass ALA-Mangel zu Frühgeburten, in schweren Fällen zu Schwangerschaftsverlusten führen kann. Eine Ernährungsumstellung die zu einer ausreichenden ALA-Zufuhr führt oder eine ALA-Substitution erscheint angezeigt. Besondere Bedeutung scheint ALA bei der Entwicklung und der Behandlung des Aufmerksamkeitsstörungssyndroms mit Hyperaktivität ADHS zu besitzen: Supplementation mit ALA führte zu deutlicher Reduktion der Hyperaktivitätsparameter[49]. Demgegenüber konnte die Gabe von DHA die ADHS-Symptome nicht verringern[50].

α-LINOLENSÄURE IN SCHWANGERSCHAFT UND STILLZEIT

Vielfältige Tierexperimente und Studien (Humanexperimente verbieten sich aus ethischen Gründen), zeigen erhebliche Entwicklungsdefizite bei den Nachkommen von Muttertieren, welche ihre Fettzufuhr überwiegend mit stark linolsäurehaltigen, kaum α-linolensäurehaltigen Pflanzenölen gefüttert werden. Dazu gehören insbesondere Sonnenblumen-, Soja- oder Distelöl.[51] ALA-Mangel in der Entwicklung führt zu visuellen, kognitiven und Verhaltensdefiziten im Vergleich zu natürlich ernährten Individuen. Die Leitlinien zur Ernährung von Schwangeren und Stillenden sehen weltweit in der Regel eine ausreichende oder erhöhte ALA-Zufuhr vor.

NACHTEILIGE WIRKUNGEN VON α-LINOLENSÄURE

In der Vielzahl von Publikationen gibt es kaum Berichte über nachteilige Wirkungen, Nebenwirkungen oder Wechselwirkungen. Selten werden bei Überdosierung leichte Magen-Darmbeschwerden beschrieben. In einer Meta-Analyse ist eine mögliche Erhöhung des Risikos für Prostatakarzinome angegeben. Die Daten waren jedoch heterogen und selbst die Autoren äußerten Zweifel daran, dass es sich um einen direkten Effekt der ALA handelt[52]. Die Diskussion diesbezüglich gilt als beendet, da mittlerweile angenommen wird, dass für den möglichen Effekt nicht ALA sondern Oxidationsprodukte derselben dafür verantwortlich sind.

ERNÄHRUNGSEMPFEHLUNGEN

Die Wirkung einzelner Fettsäuren steht immer in Wechselbeziehung zu anderen Fettsäuren sowie den anderen Makronährstoffe. Daher können keine pauschalen Ernährungsempfehlungen, die allgemeine Gültigkeit haben, ausgesprochen werden. In der Fachliteratur werden in der Regel geschätzte AMDR (Acceptable Macronutrient Distribution Ranges) angegeben. Der AMDR für α-Linolensäure liegt bei 0,6 bis 1,2 Energieprozent. Davon können maximal 10 Prozent durch langkettige Omega-3-Fettsäuren ersetzt werden[29]. Das anzustrebende Verhältnis von ALA zu LA sollte 1:5 keinesfalls unterschreiten. Prophylaxe-Konzepte und Ernährungstherapien sollten hinsichtlich ihrer Empfehlung einer ausreichenden oder erhöhten Zufuhr von alpha-Linolensäure überprüft und gegebenenfalls angepasst werden.

α-LINOLENSÄUREQUELLEN

Hervorragende Quellen für ALA sind insbesondere pflanzliche Öle wie Rapsöl, Perillaöl oder natives Leinöl, Wilde Beeren und Wildkräuter sowie Walnüsse, die auch gleichzeitig reich an Arginin sind. Wildkräuter und -Beeren scheiden mangels Verfügbarkeit für den normalen Haushalt für die ALA-Zufuhr aus. Walnüsse können in Maßen – täglich eine Handvoll – durchaus empfohlen werden. Jedoch reicht Ihr ALA-Gehalt (9 Prozent) in Vergleich zur Gesamtfettmenge nicht aus. Insbesondere ist der LA-Gehalt (35 Prozent) nicht zu vernachlässigen. In der Praxis kann ALA am effektivsten über Pflanzenöle aufgenommen werden.

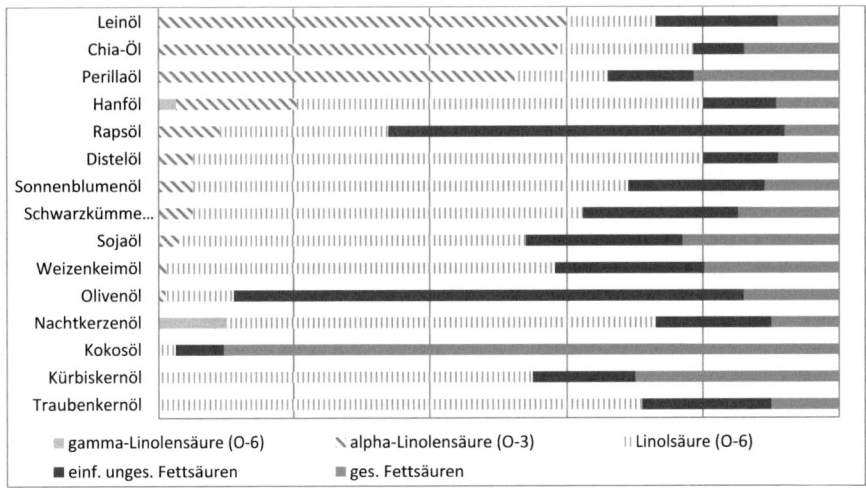

■ gamma-Linolensäure (O-6)	＼ alpha-Linolensäure (O-3)	‖ Linolsäure (O-6)
■ einf. unges. Fettsäuren	■ ges. Fettsäuren	

Rapsöl wird häufig Omega-3-Öl propagiert. Der ALA-Gehalt liegt durchschnittlich bei nur 8 Prozent, bei einem LA-Gehalt von 25 Prozent. Das ist insgesamt ungenügend zur Supplementation von ALA, macht das Öl aber zu einer interessanten Alternative zu Sonnenblumenöl im täglichen Gebrauch.

Das Öl der chinesischen Perilla-Saat hat einen äußerst attraktiven ALA-Anteil von rund 58 Prozent. Allerdings ist Perillaaldehyd für viele Menschen allergen und das Öl kann pneumotoxische Ketone enthalten.

In jüngerer Zeit gilt die Saat der Chia-Pflanze (Salvia Hispanica) als neues „Superfood". Der ALA-Anteil des Öls beträgt tatsächlich rund 55 Prozent. Die EFSA warnt allerdings vor der Aufnahme von mehr als 15 g Saat (entsprechend ungefähr. 5 g Öl). Die Bioverfügbarkeit der ALA ist in der unverarbeiteten Saat außerdem gering.[53]

Leinöl hat ebenfalls einen Gehalt von durchschnittlich 55 Prozent an ALA, bei einem noch geringeren LA-Gehalt (13 Prozent). Damit hat Leinöl im Vergleich zu Rapsöl, Perillaöl, Chiaöl und Walnüssen das beste Verhältnis ALA:LA.

NATIVES LEINÖL

Leinöl galt in der Volks- und Naturheilkunde über Jahrhunderte als ein beliebtes Hausmittel beispielsweise gegen Husten, Verbrennungen und Magenbeschwerden. Seine heutige geringe Verbreitung hängt wohl insbesondere mit der geringen Haltbarkeit und dem kurz nach der Pressung auftretenden bitteren Geschmack zusammen, was eine Compliance der regelmäßigen Verwendung bei vielen Menschen erschwert.

Die Gewinnung des Leinöls erfolgt aus den Samen des Ölleins *Linum usitatissimum*. Es wird im Heißpressverfahren für technische Zwecke hergestellt oder kalt gepresst. Kalt gepresstes (natives) Leinöl wird durch Pressung des Leinsamens durch eine Schneckenpresse gewonnen: Hierbei wird die Leinsaat mit Hilfe einer Schneckenwalze bei geringem Druck durch einen Presszylinder gedrückt. Verschiedene Düsen am Ende des Auslaufs wie auch eine Veränderung der Pressgeschwindigkeit haben Einfluss auf den Ölertrag. Bei der Kaltpressung werden Öltemperaturen von maximal 40 °C erreicht.

Natives Leinöl enthält größtenteils (90 Prozent und mehr) ungesättigte Fettsäuren und einen überaus hohen Gehalt an der Omega-3-Fettsäure α-Linolensäure. Problematisch bei Leinöl sind seine geringe Stabilität und der Gehalt an gesundheitlich bedenklichen Bestandteilen, wie der cyanogenen Glucoside und der Bitterstoffe.

Fettsäuren des Leinöls durchschn. in %	
Gesättigte Fettsäuren	6 – 12
Einfach ungesättigte Fettsäuren	15 – 30
Mehrfach ungesättigte Fettsäuren:	
Linolsäure C18:2	15 - 22
α-Linolensäure C18:3	48 – 65

Die Bitterkeit von Leinöl wird durch Cyclolinopeptide verursacht, wobei der Hauptbitterstoff das Cyclolinopeptid E ist[54]. Cyclolinopeptide wirken stark immunsuppressiv[55]. Der Mechanismus entspricht dabei dem des Cyclosporins, d.h. sie binden an Calcineurin und blockieren im Zellplasma so die Bindung an NF-AT (nuclear factor activating T-Cell), ein genregulierendes Protein, dass in den Zellkernen die Transkription von zahlreichen Zytokinen und Zelloberflächenrezeptoren (u.a. Interleukin-2 und Gamma-Interferon) aktiviert. Außerdem wird die Aktivierung und Vermehrung von Lymphozyten gehemmt sowie die Aufnahme von Cholaten in Hepatozyten inhibiert[35].

Ähnlich verhält es sich mit den cyanogenen Verbindungen im Lein. Ihnen wird eine leberschädigende Wirkung zugesprochen. Cyanogene Glucoside wirken zudem Enzyminhibierend und könnten den ALA-Metabolismus beeinträchtigen. Auch wegen der geringen oxidativen Stabilität ist die Supplementation mit Leinöl oder Leinsaat kritisch zu betrachten, stehen oxidativ veränderte mehrfach ungesättigte Fettsäuren zumindest im Verdacht, cancerogenes Potential aufzuweisen.

Für prophylaktische und therapeutische Zwecke ist daher in erster Linie das native, klassische Leinöl wenig geeignet. Im Rahmen von wissenschaftlichen Arbeiten und Versuchsreihen haben Jackeschky et al. 2005 ein Verfahren entwickelt, Leinöl zu reinigen und zu stabilisieren. Das so gewonnene Leinöl ist praktisch frei von Blausäurederivaten und Bitterstoffen. Es hat eine signifikant erhöhte Haltbarkeit. Aus dieser Reinigung und optimierten Gewinnung ergeben sich die Unterschied zu herkömmlichen Supplementen aus Leinöl:

Blütenstand des linum usitatissimum, des Sommerleins. Quelle: Hans-Joachim Fitting, Mai 2006

1. Erhöhte Wirksamkeit

Durch das Entfernen von Inhibitoren (beispielsweise Enzyminhibitoren wie cyanogenen Glucosiden) kann die α-Linolensäure effektiver verstoffwechselt werden.

2. Erhöhte Stabilität

Durch die Entfernung oxidationsfördernder Bestandteile (unter anderem Enzyme oder Schwermetallspuren) wird die Stabilität des Produktes signifikant erhöht. Dies ist durch Studien der Universität Neubrandenburg belegt.

3. Kaum Bitterstoffe

Die Bitterstoffe besitzen immunsuppressive Wirkung. Die Unterdrückung der Bildung von Cytokinen ist kontraproduktiv zur Wirkung der ALA. Außerdem verringern sie die Akzeptanz von Leinöl beim Verbraucher.

Mit dem neuen Verfahren können spezielle Leinöle hergestellt werden, die eine effektive Quelle für die präventive und therapeutische Nutzung der α-Linolensäure aus Lein darstellen.

ZUSAMMENFASSUNG

Die α-Linolensäure ist die einzige essentielle Omega-3-Fettsäure. Mehr als die Hälfte der α-Linolensäure wird direkt als Zellmembranbaustein und als Vorläufer eines Eikosanoids verwendet. Ferner ist α-Linolensäure ein Substrat zur Bildung langkettiger Omega-3-Fettsäuren. Sie kann damit maritime Omega-3-Fettsäuren ersetzen oder ergänzen. Das kann für Menschen relevant sein, die sich vegan ernähren, unter bestimmten Formen der Nahrungsmittelallergien leiden oder aus prophylaktischen beziehungsweise therapeutischen Gründen auf eine erhöhte Zufuhr von Omega-3-Fettsäuren angewiesen sind.

Die adäquate α-Linolensäure-Zufuhr kann den menschlichen Organismus ausreichend mit den langkettigen Omega-3-Fettsäuren EPA und DHA versorgen. Zudem trägt sie zu einem Gleichgewicht zwischen längerkettigen Omega-3- und Omega-6-Fettsäuren bei. In der durchschnittlichen Ernährungsweise ist dieses Verhältnis nicht optimal und damit krankheitsfördernd. Durch die Aufnahme von Omega-3-Leinöl kann die Aufnahme von α-Linolensäure verbessert werden. Zudem erscheint es wichtig, die Zufuhr von Transfettsäuren zu vermindern. Dies ist möglich, wenn bestimmte Produkte (beispielsweise frittierte Lebensmittel) und Lebensmittel (insbesondere Butter, Butterschmalz und sogenannte Melange) gemieden oder eingeschränkt werden. Als optimale Nahrungsfettquellen können natives Omega-3-Leinöl, Rapsöl und Walnussöl sowie Diätmargarine, Nüsse, Kerne und Samen (beispielsweise Leinsamen, Walnüsse oder Pistazien) gelten.

AUTOREN

Sven-David Müller, MSc. (Korrespondierender Autor)

Master of Science in Applied Nutritional Medicine (Angewandte Ernährungsmedizin), staatlich anerkannter Diätassistent und Diabetesberater der Deutschen Diabetes Gesellschaft (DDG)

Zentrum und Praxis für Ernährungskommunikation, Diätberatung und Gesundheitspublizistik (ZEK)

1. Vorsitzender des Deutschen Kompetenzzentrum Gesundheitsförderung und Diätetik e. V.

Heinersdorfer Straße 38

12209 Berlin-Lichterfelde

sdm@svendavidmueller.de

Dipl.-Chem. Martin Jackeschky

Redder 2

22941 Hammoor

m.jackeschky@easyhealth.de

LITERATUR

[1] S. Daniells, 18.8.2011, NutraIngredients.com

[2] J. B. Wright, D. L. Brown: *Animal Feed Science Technology* **69** (1997) 195-199

[3] J. B. Grant, D. L. Brown, E. S. Dierenfeld: *Journal of Wildlife Diseases*, **38(1)** (2002) 132-142

[4] G.C. Burdge, unpublished

[5] H. Sprecher: *Prost Leukot Essent Fatty Acids* **67** (2002) 79-83

[6] Z. Li, M. L Kaplan, D. L. Hachey: *Lipids* **35** (2000) 1325-1333

[7] M. Xiang, M.A. Rahman, H. Ai, X. Li, l.S. Harbige: *Ann Nutr Metab.* **50** (2006) 492-498

[8] M. Rodriguez, A.R. Tovar, B. Palacios-Gonzalez, M. Del Prado, n. Torres: *J Lipid Res.* **47** (2006) 553-60

[9] L. Lauritzen, H. S. Hansen, M. H Jorgensen, K.F. Michaelsen: *Prog Lipid Res.* **40** (2001) 1-94.

[10] U.S. Babu, P.W. Wiesenfeld, T.F. Collins, R. Sprando: *Food Chem Toxicol.* **41** (2003) 905-15

[11] N. Tran: Dissertation „Regulation of n-3 and n-6 fatty acid metabolism"

[12] H.M. Su, L. Bernardo, M. Mirmiran, X.H. Ma, P.W. Nathanielsz, J.T. Brenna: *Lipids* **34** (1999) 347-50

[13] R.P. Bazinet, E.G. McMillan, S.C. Cunnane: *Lipids* **38** (2003) 1045-9

[14] H.M. Su, M.C. Huang, N.M. Saad, P.W. Nathanielsz, J.T. Brenna: *J Lipid Res.* **42** (2001) 581-6

[15] A. Valenzuela, R. Von Bernardi, V. Valenzuela, G. Ramirez, R. Alarcon, J. Sanhueza, S. Nieto: *Ann Nutr Metab.* **48** (2004) 28-35

[16] R.C. Greiner, J. Winter, P.W. Nathanielsz, J.T. Brenna: *Pediatr Res.* **42** (1997) 826-34

[17] G. C. Burdge, Y. E. Finnegan, A.M. Minihane: *Br J. Nutr.* **90** (2003) 311-321

[18] S. Devaraj, S. Kasim-Karakas, I. Jialal: *Curr Atheroscler Rep.* **6** (2006) 477-86

[19] R. Dostatni: bisher unveröffentlicht (2006)

[20] Pikarsky E, Porat RM, Stein I, Abramovitch R, Amit S, Kasem S, Gutkovich-Pyest E, Urieli-Shoval S, Galun E, Ben-Neriah Y.: Nature. 2004 Sep 23;431(7007):461-6. Epub 2004 Aug 25

[21] Sakamoto K, Maeda S, Hikiba Y, Nakagawa H, Hayakawa Y, Shibata W, Yanai A, Ogura K, Omata M.: Clin Cancer Res. 2009 Mar 10.

[22] Ren J, Chung SH.: J Agric Food Chem. 2007 Jun 27;55(13):5073-80.

[23] http://www.rki.de/DE/Content/Gesundheitsmonitoring/Themen/Chronische_Erkrankungen/HKK/HKK_node.html, 14. Juli 2016, 10.23 Uhr.

[24] https://www.destatis.de/GPStatistik/servlets/MCRFileNodeServlet/DEMonografie_derivate_0000 0153/Gesundheit_und_Krankheit_im_Alter.pdf%3Bjessionid=756BDD3B1DEDADFFE9C287CA1741 3B89, 14. Juli 2016, 11.03 Uhr.

[25] https://www.dge.de/fileadmin/public/doc/ws/ll-fett/v2/Gesamt-DGE-Leitlinie-Fett-2015.pdf, 14. Juli 2016, 10.56.

[26] G. Zhao, T.D. Ethterton, K. R. Martin, S.G. West, P.J. Gillies, P.M. Kris-Etherton: *J Nutr.* **11** (2004) 2991-7

[27] S. Mandasescu, V. Mocanu, A.M. Dascalita, R. Haliga, I. Nestian, P.A,. Stitt, V. Luca: *Rev Med Chir Soc Med Nat Iasi.* **109** (2005) 502-6

[28] http://www.krankenpflege-journal.com/inneremedizin/kardiologie/1676-neuer-leitfaden-fuer-die-hausarztpraxis-einfluss-der-triglyceride-auf-das-khk-risiko-.html, 14. Juli 2016, 11.54 Uhr.

[29] G.E. Billman, J.X. Kang, A. Leaf: *Circulation* **99** (1999) 2452-7

[30] S.-D. Müller: Kühe würden Margarine kaufen, Schlütersche Verlagsgesellschaft (2015).

[31] http://www.ncbi.nlm.nih.gov/pubmed/20711693, 14. Juli 2016, 12.45 Uhr.

[32] http://www.bfr.bund.de/cm/343/hoehe-der-derzeitigen-trans-fettsaeureaufnahme-in-deutschland-ist-gesundheitlich-unbedenklich.pdf, 14. Juli 2016, 12.52 Uhr.

[33] https://www.dge.de/wissenschaft/weitere-publikationen/fachinformationen/niedriges-ldl-und-hohes-hdl-cholesterol-senken-das-risiko-fuer-kardiovaskulaere-ereignisse/, 14. Juli 2016, 12.45 Uhr.

[34] http://www.hindawi.com/journals/cholesterol/2010/824813/, 14. Juli 2016, 12.10 Uhr.

[35] http://www.ncbi.nlm.nih.gov/pmc/articles/PMC3705355/, 14. Juli 2016, 12.30 Uhr

[36] http://www.bfr.bund.de/cm/350/lebensmittel_mit_pflanzensterinzusatz_in_der_wahrnehmung_der_verbraucher.pdf, 14. Juli 2016, 13.36.

[37] S. Winnik, C. Lohmann, E.K. Richter, N. Schäfer: *Eur. Heart J.* **Jan 2011**.

[38] V.A. Mustad, S. Demichele, Y.S. Huang, A. Mika, N. Lubbers, N. Berthiaume, J. Polakowski, B. Zinker: *Metabolism* **55** (2006) 1365-74

[39] H. Takeuschi, C. Sakurai, R. Noda: *J. Oleo Sci.* **56(7)** (2007) 347-360

[40] S. Sekine, S. Sasanuki, T. Aoyama: *J. Oleo. Sci.* **56(7)** (2007) 341-345

[41] B. Gaßmann: *Ernährungs-Umschau* **50** (2003) 128-133

[42] F. Thies, G. Nebe-von-Caron, J.R. Powell, P. Yaqoob, E.A. Newsholme, P.C. Calder: J Nutr. 2001 Jul;**131(7)**:1918-27

[43] R.P. Bazinet, H. Douglas, E.G. McMillan, B.N. Wilkie, S.C. Cunnane: *Immunol Lett.* **95** (2004) 85-90

[44] J.M. Bourre: *J Nutr Health Aging* **10** (2006) 386-399

[45] N.A. Meguid, H.M. Atta, A.S. Gouda, R.O. Khalil: *Clin Biochem* **Jun 2008**

[46] M.Lafourcade, T.Larrieu, S.Mato, A.Duffaud: Nature Neuroscience **14** (2011) 345-350

[47] M.D. Lewis, J.R. Hibbeln, J.E. Johnson, Y. Hong Lin: J Clin Psychiatry, 10.4088/JCP.11m06879, 2011

[48] A. Colin, J. Reggers, V. Castronovo, M. Ansseau: *Encephale* **29(1)** (2003) 49-58

[49] K. Joshi, S. Lad, M. Kale, S.P. Mahadik, B. Patni, A. Chaudhari, S. Bhave, A. Pandit: *Prostaglandins Leukot Essent Fatty Acids.* **74** (2005) 17-21

[50] R.G. Voigt, A.M. Llorente, C.L. Jensen, J.K. Fraley, M.C. Berretta, W.C. Heird: *J Pediatr.* **139** (2001) 189-94

[51] J.T. Brenna: *Matern Child Nutr.* **7** (2011) 59-79.

[52] I.A. Brouwer, M.B. Katan, P.L. Zock: *J Nutr.* **134** (2004), 919-922.

[53] **EFSA (2013)**
Durchführungsbeschluss der Kommission vom 22. Januar 2013 über die Genehmigung einer Erweiterung der Verwendungszwecke von Chiasamen (Salvia hispanica) als neuartige Lebensmittelzutat gemäß der Verordnung (EG) Nr. 258/97 des Europäischen Parlaments und des Rates. Amtsblatt der Europäischen Union L 21/34 vom 24.1.2013. Abgerufen unter www.bfr.bund.de/cm/343/durchfuehrungsbeschluss-der-kommission-erweiterung-der-verwendungszwecke-von-chiasamen-salvia-hispanica.pdf

[54] L. Brühl: J. Agric. Food Chem. **55(19)** (2007), 7864-8.

[55] B. Picur, M. Cebrat, J. Zabrocki, I. Z. Siemon: J. Pept. Sci. **12(9)** (2006), 569-74.